Sitzungsberichte
der Heidelberger Akademie der Wissenschaften
Stiftung Heinrich Lanz

Mathematisch-naturwissenschaftliche Klasse
Abteilung A.

Jahrgang 1924/25. 11. Abhandlung.

Die Aufschließung von Differentialinvarianten

Von

Heinrich Liebmann
in Heidelberg.

Vorgetragen in der Sitzung
vom 24. Januar 1925.

Berlin und Leipzig 1925

Walter de Gruyter & Co.

vormals G. J. Göschen'sche Verlagshandlung / J. Guttentag, Verlagsbuchhandlung / Georg Reimer / Karl J. Trübner / Veit & Comp.

Die Aufschließung von Differentialinvarianten.

Die Bestimmung der Differentialinvarianten endlicher kontinuierlicher Transformationsgruppen, ein von Sophus Lie nicht völlig durchgearbeitetes Teilgebiet seines großzügigen Programmes, ist durch die Anregungen von Herrn G. Pick [1]) zu einer neuen Differentialgeometrie ausgestaltet worden, und später hat Herr G. Kowalewski daraus eine ganz neue Disziplin geschaffen, die sich in lebhaftester Entwicklung befindet. [2])

Hierzu sollen die folgenden Darlegungen einen Beitrag liefern. Vor allem soll zunächst gezeigt werden, daß ein grundlegender Satz Kowalewski's, der in sehr allgemeinen Fällen die „Aufschließung“ der Differentialinvarianten ermöglicht — so darf seine Leistung mit einem der Chemie entnommenen Gleichnis genannt werden — unmittelbar aus den Hauptlehrsätzen der Lie'schen Gruppentheorie erfaßt werden kann. Im Anschluß daran wird sich herausstellen, daß die hier zu entwickelnde Methode, mit deren Hilfe die einfachste Schreibung und einfachste Bestimmung der in § 1 näher gekennzeichneten Differentialinvarianten ebener Gruppen geleistet wird, auch die Übertragung auf Gruppen in Räumen höherer Dimension bei geeigneter Auswahl zuläßt.

§ 1. Beweis des Kowalewski'schen Fundamentalsatzes.

1. Der Fundamentalsatz für die Ebene.

Herr Kowalewski hat durch Weiterbildung der Gedankengänge der „natürlichen Geometrie“ den wichtigen Satz bewiesen [3]):

Der niedrigsten Differentialinvariante einer r-gliedrigen Gruppe von kontinuierlichen Punkttransformationen der Ebene ($r > 2$) kann die Normalform gegeben werden

[1]) G. Pick, Natürliche Geometrie ebener Transformationsgruppen. Wiener Berichte, math.-naturw. Klasse 115, Abt. II A. (1906). S. 139—159.

[2]) G. Kowalewski, Grundlegende Sätze der natürlichen Geometrie ebener Transformationsgruppen. Sächs. Akad. der Wissenschaften, math.-naturw. Klasse 73 (1921). S. 311—326. — Hieran schließt sich eine Reihe weiterer Arbeiten. — Herr Engel weist Sophus Lie, Gesammelte Abhandlungen V, Leipzig 1924, S. 676 auf die Fortschritte hin, die über die Ergebnisse von Lie im Gebiet der Differentialinvarianten hinaus durch Pick und Kowalewski erreicht worden sind.

[3]) A. a. O. S. 315.

$$J_{r-1} = y^{(r-1)} \varphi(x, y, y^{(1)} \cdot\cdot y^{(r-2)}) + \psi(x, y, y^{(1)} \cdot\cdot y^{(r-2)}),$$

wenn die $(r-2)$-mal erweiterte Gruppe in den Koordinaten

$$x, y, y^{(1)} = \frac{dy}{dx} \cdots \quad y^{(r-2)} = \frac{d^{r-2} y}{dx^{r-2}}$$

der Elemente e_{r-2} transitiv ist.

Dieser Satz steht im Vordergrund; daß sich dann φ und ψ durch Quadraturen bestimmen lassen, ist sehr leicht nachzuweisen; ebenso auch, daß das „invariante Bogenelement" durch Quadratur bestimmt ist und die höheren Differentialinvarianten durch Differentiation gefunden werden.

2. Die Aufspaltung der höheren Klammerrelationen.

Die Zuwachsgrößen

$$\eta^{(1)}, \eta^{(2)} \cdot\cdot \quad \eta^{(m)} \cdot\cdot$$

der Differentialquotienten

$$y^{(1)}, y^{(2)} \cdot\cdot \quad y^{(m)} \cdot\cdot$$

bei der eingliedrigen Gruppe

$$U(f) = \xi \frac{\delta f}{\delta x} + \eta \frac{\delta f}{\delta y}$$

sind bekanntlich gegeben durch

$$\eta^{(m)} = \frac{d\,\eta^{(m-1)}}{dx} - y^{(m)} \frac{d\,\xi}{dx}$$

und sind (wenn $m \geqq 2$) linear in $y^{(m)}$. Es ist also, wenn $r \geqq 3$

$$(1) \qquad \eta^{(r-1)} = y^{(r-1)} \alpha(x, y, y^{(1)} \cdot\cdot y^{(r-2)}) + \beta(x, y, y^{(1)} \cdot\cdot y^{(r-2)}).$$

Außer diesem einfachen Gesetz ist eine bekannte Eigenschaft der durch Hinzunahme von $y^{(1)} \cdot\cdot y^{(m)}$ erweiterten Gruppe

$$(U_i U_k) = \Sigma c_{iks} U_s(f)$$

heranzuziehen — man könnte sie die „Einordnung der erweiterten Gruppe" nennen. Sie kommt in der Formel

$$(2) \qquad U_i^{(m)}(\eta_k^{(m)}) - U_k^{(m)}(\eta_i^{(m)}) = \Sigma c_{iks} \eta_s^{(m)}$$

zum Ausdruck.[1])

[1]) Zur Beziehung (2) gelangt man leicht auf folgendem Weg. Man geht aus von der durch Schluß von n auf $n+1$ zu erweisenden Beziehung

$$\frac{d}{dx} U^{(n)}(f) = U^{(n+1)}\left(\frac{df}{dx}\right) + \frac{df}{dx} \cdot \frac{d\xi}{dx}.$$

Hiernach ist wegen

$$\eta^{(n+1)} = \frac{d\eta^{(n)}}{dx} - y^{(n+1)} \frac{d\xi}{dx}$$

Setzt man nach (1)

$$\eta_i^{(r-1)} = y^{(r-1)} a_i + \beta_i,$$

so erhält man demgemäß

$$U_i^{(r-1)}\left(\eta_k^{(r-1)}\right) - U_k^{(r-1)}\left(\eta_i^{(r-1)}\right)$$
$$= \eta_i^{(r-1)} a_k + y^{(r-1)} U_i^{(r-2)}(a_k) + U_i^{(r-2)}(\beta_k)$$
$$- \eta_k^{(r-1)} a_i - y^{(r-1)} U_k^{(r-2)}(a_i) - U_k^{(r-2)}(\beta_i)$$
$$= \Sigma c_{iks}\left(y^{(r-1)} a_s + \beta_s\right).$$

Setzt man die Werte der $\eta_i^{(r-1)}, \eta_k^{(r-1)}$ ein und „spaltet", d. h. vergleicht man die Faktoren von $y^{(r-1)}$ und den übrigbleibenden Teil, so wird man auf die Gleichungen geführt:

$$(3) \qquad \begin{cases} U_i^{(r-2)}(a_k) - U_k^{(r-2)}(a_i) = \Sigma c_{iks}\, a_s \\ U_i^{(r-2)}(\beta_k) - U_k^{(r-2)}(\beta_i) + \beta_i a_k - a_i \beta_k = \Sigma c_{iks} \beta_s. \end{cases}$$

Diese „aufgespaltenen Klammerrelationen" vermitteln den Beweis des Fundamentalsatzes.

3. Beweise des Fundamentalsatzes.

Wenn es erlaubt ist, das oben herangezogene chemische Gleichnis noch weiterzuführen, so könnte die Normalform y_{r-1} als „kristallisiert" mit K_{r-1} bezeichnet werden, im Gegensatz zur bei Lie noch „amorphen" Invariante. Lie hat nicht hinreichend beachtet, daß eine solche „Auskristallisierung" zur Grundlage der Aufschließung gewählt werden kann.

$$U_i^{(n+1)}\left(\eta_k^{(n+1)}\right) = U_i^{(n+1)}\left(\frac{d\eta_k^{(n)}}{dx}\right) - y^{(n+1)} U_i^{(1)}\left(\frac{d\xi_k}{dx}\right) - \eta_i^{(n+1)} \frac{d\xi_k}{dx} \cdots$$
$$= \frac{d}{dx}\left(U_i^{(n)}\left(\eta_k^{(n)}\right)\right) - y^{(n+1)} \frac{d}{dx} U_i(\xi_k) - \frac{d\xi_k}{dx}\eta_i^{(n+1)}$$
$$- \frac{d\xi_i}{dx}\eta_k^{(n+1)}$$

und

$$U_i^{(n+1)}\left(\eta_k^{(n+1)}\right) - U_k^{(n+1)}\left(\eta_i^{(n+1)}\right)$$
$$= \frac{d}{dx}\left(U_i^{(n)}\left(\eta_k^{(n)}\right) - U_k^{(n)}\left(\eta_i^{(n)}\right)\right)$$
$$- y^{(n+1)} \frac{d}{dx}\left(U_i(\xi_k) - U_k(\xi_i)\right),$$

woraus (2) dann durch allgemeine Induktion folgt wegen

$$U_i(\xi_k) - U_k(\xi_i) = \Sigma c_{iks}\, \xi_s. \text{ —}$$

Lie hat, wie es scheint, einen kurzen Beweis der Einordnung der erweiterten Gruppe an keiner Stelle mitgeteilt.

Indessen wollen wir vorläufig die Bezeichnung

$$J_{r-1} = y^{(r-1)}\varphi + \psi$$

beibehalten und jetzt die in Aussicht gestellte „Aufschließung" vornehmen, wobei zu beachten ist, daß der Voraussetzung nach die Funktionaldeterminante

$$\frac{\delta(\xi, \eta, \eta^{(1)} \ldots \eta^{(r-2)})}{\delta(x, y, y^{(1)} \ldots y^{(r-2)})}$$

von Null verschieden sein soll.

Durch dieselbe Art der Aufspaltung, wie sie oben zum Nachweis von (3) vorgenommen wurde, erhält man aus

$$U_i^{(r-1)}(y^{(r-1)}\varphi + \psi) \equiv \eta_i^{(r-1)}\varphi + y^{(r-1)}U_i^{(r-2)}(\varphi) + U_i^{(r-2)}(\psi) = o$$

jetzt die beiden Systeme von je r Forderungen

$$U_i^{(r-2)}(\varphi) + \alpha_i\varphi = o, \tag{4}$$

$$U_i^{(r-2)}(\psi) + \beta_i\varphi = o. \tag{5}$$

Wenn diese Gleichungen verträglich sind, dann ist φ aus (4) bis auf einen konstanten Faktor und sodann ψ aus (5) bis auf eine additive Konstante bestimmt, beide durch Quadraturen.

Den Nachweis der Lösbarkeit von (4) erbringen wir jetzt durch Umwandlung in ein System linearer, homogener partieller Differentialgleichungen mit $r-1$ unabhängigen Veränderlichen

$$x, y, y^{(1)} \ldots y^{(r-2)}, \varphi,$$

indem wir die Lösung in die Form

$$f(x, y, y^{(1)} \ldots y^{(r-2)}, \varphi) = c$$

umgegossen annehmen, d. h. es sind aus

$$\frac{\delta f}{\delta u} + \frac{\delta f}{\delta \varphi} \cdot \frac{\delta \varphi}{\delta u} = o$$

$$(u = x, y, y^{(1)} \ldots y^{(r-2)})$$

die $\frac{\delta \varphi}{\delta u}$ einzusetzen. Man erhält dann

$$(4^1)\quad V_i(f) \equiv U_i^{(r-2)}(f) - \alpha_i\varphi\frac{\delta f}{\delta \varphi} = o.$$

An (4¹) kann jetzt der Charakter des vollständigen Systems leicht erwiesen werden, denn es ist

$$(V_i V_k) = (U_i^{(r-2)} U_k^{(r-2)}) - \varphi(U_i^{(r-2)}(\alpha_k) - U_k^{(r-2)}(\alpha_i))\frac{\delta f}{\delta \varphi}$$

und hiervon ist der erste Bestandteil wegen (2) gleich

$$\Sigma c_{iks} U_s^{(r-2)}(f),$$

der zweite aber wegen (3)

$$-\varphi(\Sigma c_{iks}\alpha_s)\frac{\delta f}{\delta \varphi},$$

Also ist

$$(V_i V_k) = \Sigma c_{iks} V_s(f)$$

und es liegt in der Tat ein vollständiges System von r unabhängigen Gleichungen vor.

In ähnlicher Weise sind die Gleichungen (5) zu bearbeiten. Sie lassen sich in die Form bringen

$$(5^1)\ W_i(f) \equiv U_i^{(r-2)}(f) - \varphi\beta_i \frac{\delta f}{\delta\psi} = 0$$

bringen, wobei dann φ als bekannte nämlich aus (4) bestimmte Funktion zu betrachten ist und ψ als unabhängige Veränderliche neu hinzutritt.

Klammerbildung liefert

$$(W_i W_k) = \left(U_i^{(r-2)} U_k^{(r-2)}\right) - \left\{\quad\right\} \frac{\delta f}{\delta \psi}.$$

In der geschweiften Klammer steht

$$U_i^{(r-2)}(\varphi\beta_k) - U_k^{(r-2)}(\varphi\beta_i)$$

$$= \varphi\left(U_i^{(r-2)}(\beta_k) - U_k^{(r-2)}(\beta_i)\right) + \beta_k U_i^{(r-2)}(\varphi) - \beta_i U_k^{(r-2)}(\varphi)$$

oder mit Rücksicht auf (4) und (3)

$$\varphi\left(U_i^{(r-2)}(\beta_k) - U_k^{(r-2)}(\beta_i) - \beta_k a_i + \beta_i a_k\right) = \varphi \Sigma c_{iks} \beta_s.$$

Es ist also

$$(W_i W_k) = \Sigma c_{iks} W_s(f).$$

Damit ist auch die Bestimmbarkeit von ψ nachgewiesen und die Berechtigung sowohl wie auch die Berechnung der Normalform festgelegt, also der Fundamentalsatz von KOWALEWSKI.

4. Beispiel.

Bei der Anwendung des Verfahrens, das ja auch schon in allen Fällen wirklich durchgeführt worden ist, kann man — das mag hier eingefügt werden — sich noch eine gewisse Freiheit vorbehalten und wird sich nicht ganz an die Regel binden. Sofort einleuchtende und durch die Gestalt der Gleichungen nahegelegte Integrationen wird man gern mitnehmen, wenn dabei umfangreiche Determinantenbildung erspart wird.

Die Invariante

$$J_s = f\left(x, y, y^{(1)} \cdot\cdot\ y^{(5)}\right)$$

der sechsgliedrigen Gruppe

$$\frac{\delta f}{\delta x} \cdot \frac{\delta f}{\delta y}, e^{ix}\frac{\delta f}{\delta y}, e^{-ix}\frac{\delta f}{\delta y}$$

$$e^{ix}\left(\frac{\delta f}{\delta x} + i\frac{\delta f}{\delta y}\right), e^{-ix}\left(\frac{\delta f}{\delta x} - i\frac{\delta f}{\delta y}\right)$$

mag als Beispiel in diesem Sinne behandelt werden. Sie ist von x

und y frei, und die dritte infinitesimale Transformation gibt: $\xi = o$, $\eta = e^{ix}$, $\eta^{(m)} = (i)^m e^{ix}$.

Man erhält also nach Abspaltung des Faktors e^{ix} für f die Differentialgleichung

$$i\left(\frac{\delta f}{\delta y^{(1)}} - \frac{\delta f}{\delta y^{(3)}} + \frac{\delta f}{\delta y^{(5)}}\right) - \frac{\delta f}{\delta y^{(2)}} + \frac{\delta f}{\delta y^{(4)}} = o.$$

Dazu kommt noch eine Gleichung, die man durch Vertauschung von i mit $-i$ erhält.

Hieraus erkennt man sofort, daß f nur abhängen kann von

$$t_1 = y^{(1)} + y^{(3)},\ t_2 = y^{(2)} + y^{(4)} = \frac{dt_1}{dx},\ t_3 = y^{(3)} + y^{(5)} = \frac{dt_2}{dx}.$$

Da f in $y^{(5)}$ linear ist, hat es die Form

$$f = t_3\,\varphi\,(t_1, t_2) + \psi\,(t_1, t_2).$$

Die übrigbleibenden Transformationen vereinfacht man zuerst durch Einführung von t_1 und nimmt erst nachträglich die Erweiterung vor. Bei der fünften ist

$$\xi = e^{ix},\ \eta = iye^{ix}$$

$$\eta^{(1)} = -ye^{ix},\ \eta^{(2)} = (-y^{(1)} - i\,(y + y^{(2)}))\,e^{ix},$$

$$\eta^{(3)} = (y - 2i\,(y^{(1)} + y^{(3)}))\,e^{ix},$$

also

$$\tau_1 = \eta^{(1)} + \eta^{(3)} = -2i\,(y^{(1)} + y^{(3)})\,e^{ix} = -2it_1\,e^{ix}$$

$$\tau_2 = \frac{d\tau_1}{dx} - t_2\frac{d\xi}{dx} = (2t_1 - 2it_2 - it_2)\,e^{ix} = (2t_1 - 3it_2)\,e^{ix}$$

$$\tau_3 = \frac{d\tau_2}{dx} - t_3\frac{d\xi}{dx} = (2it_1 + 3t_2 + 2t_2 - 3it_3 - it_3)\,e^{ix}$$

$$= (5t_2 + i\,(2t_1 - 4t_3))\,e^{ix},$$

und man wird durch die fünfte und sechste infinitesimale Transformation auf die beiden Forderungen geführt

$$2t_1\frac{\delta f}{\delta t_1} + 3t_2\frac{\delta f}{\delta t_2} + (4t_3 - 2t_1)\frac{\delta f}{\delta t_3} = o$$

$$2t_1\frac{\delta f}{\delta t_2} + 5t_2\frac{\delta f}{\delta t_3} = o.$$

Hieraus kommen für φ die Differentialgleichungen

$$2t_1\frac{\delta\varphi}{\delta t_1} + 3t_2\frac{\delta\varphi}{\delta t_2} + 4\varphi = o$$

$$2t_1\frac{\delta\varphi}{\delta t_2} = o.$$

Also ist zu setzen

$$\varphi = t_1^{-2}.$$

Zur Bestimmung von ψ dient sodann

$$2t_1\frac{\delta\psi}{\delta t_1}+3t_2\frac{\delta\psi}{\delta t_2}-2t_1\varphi=o$$
$$2t_1\frac{\delta\psi}{\delta t_2}+5t_2\varphi=o;$$

woraus folgt

$$\frac{\delta\psi}{\delta t_2}=-\frac{5}{2}t_2t_1^{-3}$$
$$\frac{\delta\psi}{\delta t_1}=t_1^{-2}+\frac{15}{4}t_2^2t_1^{-4}.$$
$$\psi=-\frac{5}{4}t_2^2t_1^{-3}-t_1^{-1},$$

also schließlich

$$J_5=\left(y^{(3)}+y^{(5)}\right)\left(y^{(1)}+y^{(3)}\right)^{-2}-\frac{5}{4}\left(y^{(2)}+y^{(4)}\right)^2\left(y^{(1)}+y^{(3)}\right)^{-3}$$
$$-\left(y^{(1)}+y^{(3)}\right)^{-1}.$$

Deutet man x und y als Koordinaten einer Geraden, wobei x (φ) der Winkel des vom Koordinatenanfang O auf die Gerade gefällten Lotes OF ist und y (p) die Länge des Lotes, so liegt hier die Laguerre'sche Gruppe vor, die ich, noch ohne Berücksichtigung des Kowalewski'schen Satzes in einer Mitteilung „Zur Geometrie der Laguerre-Gruppe" Journal für die reine und angewandte Mathematik 154, S. 15—19) behandelt habe. Dabei wurden auch die Kurven $J_5=c$ („Kurven konstanter Laguerre-Krümmung") bestimmt.

§ 2. Differentialinvarianten von Raumkurven.

Bei den folgenden Bemerkungen über die Differentialinvarianten von Raumkurven darf das Formale wohl etwas kürzer gefaßt werden, da sich im Grund dieselben, aus § 1 geläufigen Betrachtungen wiederholen.

1. Aufspaltung der höheren Klammerrelationen.

Sowohl bei den Gruppen mit $2r+1$ $(r\geqq 2)$ wie bei denen mit $2r+2$ $(r\geqq 2)$ unabhängigen infinitesimalen Transformationen kommt die r-te Erweiterung in Betracht, also ist

$$\text{(1)}\qquad\begin{cases}\eta_i^{(r)}=y^{(r)}\beta_{1i}+z^{(r)}\beta_{2i}+\beta_{3i},\\ \zeta_i^{(r)}=y^{(r)}\gamma_{1i}+z^{(r)}\gamma_{2i}+\gamma_{3i},\end{cases}$$

wobei die β und γ nur von

$$x,y,z,y^{(1)},z^{(1)}\dots y^{(r-1)},z^{(r-1)}$$

abhängen.

Aus

$$(U_iU_k)=\Sigma c_{iks}U_s(f)$$

folgt dann durch Erweiterung

$$U_i^{(r)}(\eta_k^{(r)}) - U_k^{(r)}(\eta_i^{(r)}) = \Sigma c_{iks}\eta_s^{(r)},$$
$$U_i^{(r)}(\zeta_k^{(r)}) - U_k^{(r)}(\zeta_i^{(r)}) = \Sigma c_{iks}\zeta_s^{(r)}.$$

Die linke Seite der ersten Gleichung wird

$$\eta_i^{(r)}\beta_{1k} + \zeta_i^{(r)}\beta_{2k} + y^{(r)}U_i^{(r-1)}(\beta_{1k}) + z^{(r)}U_i^{(r-1)}(\beta_{2k}) + U_i^{(r-1)}(\beta_{3k})$$
$$-\eta_k^{(r)}\beta_{1i} - \zeta_k^{(r)}\beta_{2i} - y^{(r)}U_k^{(r-1)}(\beta_{2i}) - z^{(r)}U_k^{(r-1)}(\beta_{2i}) - U_k^{(r-1)}(\beta_{3i}).$$

Dieser Wert ist einzusetzen und dann wie in § 1 die Aufspaltung vorzunehmen, die hier auf drei Gleichungen führt.

Unter Verwendung des abkürzenden Symbols

$$(\lambda_m\mu_n)_{ik} = \lambda_{mi}\mu_{nk} - \lambda_{ni}\mu_{mk} = -(\lambda_m\mu_n)_{ki}$$

lassen sich die Gleichungen so schreiben:

$$(2)\quad \begin{cases} U_i^{(r-1)}(\beta_{1k}) - U_k^{(r-1)}(\beta_{1i}) + (\gamma_1\beta_2)_{ik} = \Sigma c_{iks}\beta_{1s}, \\ U_i^{(r-1)}(\beta_{2k}) - U_k^{(r-1)}(\beta_{2i}) + (\beta_2\beta_1)_{ik} + (\gamma_2\beta_2)_{ik} = \Sigma c_{iks}\beta_{2s}, \\ U_i^{(r-1)}(\beta_{3k}) - U_k^{(r-1)}(\beta_{3i}) + (\beta_3\beta_1)_{ik} + (\gamma_3\beta_2)_{ik} = \Sigma c_{iks}\beta_{3s}; \end{cases}$$

und dazu kommen die weiteren drei Gleichungen

$$(3)\quad \begin{cases} U_i^{(r-1)}(\gamma_{1k}) - U_k^{(r-1)}(\gamma_{1i}) + (\beta_1\gamma_1)_{ik} + (\gamma_1\gamma_2)_{ik} = \Sigma c_{iks}\gamma_{1s}, \\ U_i^{(r-1)}(\gamma_{2k}) - U_k^{(r-1)}(\gamma_{2i}) + (\beta_2\gamma_1)_{ik} = \Sigma c_{iks}\gamma_{2s}, \\ U_i^{(r-1)}(\gamma_{3k}) - U_k^{(r-1)}(\gamma_{3i}) + (\beta_3\gamma_1)_{ik} + (\gamma_3\gamma_2)_{ik} = \Sigma c_{iks}\gamma_{3s}. \end{cases}$$

Durch entsprechende Ausnützung dieser Beziehungen erhalten wir Aufschlüsse über die Differentialinvarianten von Raumkurven.

2. $(2r+1)$-gliedrige Gruppen $(r \geqq 2)$.

Nach einer brieflichen Mitteilung von Herrn KOWALEWSKI [1]) haben hier die (beiden) niedrigsten Invarianten die Form

$$J_r = y^{(r)}A + z^{(r)}B + C$$

im „allgemeinen Fall", wenn die Transitivität in den Koordinaten der Elemente

$$e_{r-1}(x, y, z, y^{(1)}, z^{(1)} \ldots y^{(r-1)}, z^{(r-1)})$$

besteht, d. h. wenn die Funktionaldeterminante

$$\frac{\delta(\xi, \eta, \zeta, \eta^{(1)}, \zeta^{(1)} \ldots \eta^{(r-1)}, \zeta^{(r-1)})}{\delta(x, y, z, y^{(1)}, z^{(1)} \ldots y^{(r-1)}, z^{(r-1)})}$$

von Null verschieden ist.

---

[1]) Zwei Arbeiten von Herrn KOWALEWSKI über die Differentialinvarianten von Raumkurven befinden sich z. Z. im Druck. Die eine wird im Journal f. d. reine und angewandte Mathematik, die andere in den Berichten der Sächsischen Akademie erscheinen.

Um dies nachzuweisen, haben wir von der Forderung

$$U_i^{(r)}(J_r) = \eta_i^{(r)} A + \zeta_i^{(r)} B + y^{(r)} U_i^{(r-1)}(A) + z^{(r)} U_i^{(r-1)}(B) + U_i^{(r-1)}(C) = 0$$

auszugehen und werden durch Aufspaltung wegen (1) auf die Gleichungen geführt

$$U_i^{(r-1)}(A) + A\beta_{1i} + B\gamma_{1i} = 0, \tag{4}$$

$$U_i^{(r-1)}(B) + A\beta_{2i} + B\gamma_{2i} = 0, \tag{5}$$

$$U_i^{(r-1)}(C) + A\beta_{3i} + B\gamma_{3i} = 0. \tag{6}$$

Sodann schaffen wir uns wieder aus den $(2r+1)$ entsprechenden Gleichungen (4) und (5) ein System von $2r+1$ linearen partiellen homogenen Differentialgleichungen erster Ordnung mit den unabhängigen Veränderlichen

$$x, y, z, y^{(1)} \ldots z^{(r-1)}, A, B,$$

indem wir die Bindung der A und B an $x, y, z \cdot\cdot z^{(r-1)}$ uns in der Form geschrieben denken

$$f(x, y, z, \cdot\cdot z^{(r-1)}, A, B) = c.$$

Dann ist also

$$\frac{\delta f}{\delta u} + \frac{\delta f}{\delta A} \cdot \frac{\delta A}{\delta u} + \frac{\delta f}{\delta B} \cdot \frac{\delta B}{\delta u} = 0 \tag{7}$$

$$(u = x, y, z, \cdot\cdot z^{(r-1)}).$$

Multipliziert man (4) mit $-\frac{\delta f}{\delta A}$ und (5) mit $-\frac{\delta f}{\delta B}$, so kommt die angestrebte Gleichung

$$V_i(f) \equiv U_i^{(r-1)}(f) - (A\beta_{1i} + B\gamma_{1i})\frac{\delta f}{\delta A} - (A\beta_{2i} + B\gamma_{2i})\frac{\delta f}{\delta B} = 0. \tag{8}$$

Es gibt $2r+1$ Gleichungen und die Anzahl der unabhängigen Veränderlichen beträgt

$$3 + 2(r-1) + 2 = 2r + 3.$$

Auch bilden die Gleichungen ein vollständiges System, denn es wird

$$\begin{aligned}(V_i V_k) = (U_i^{(r-1)} U_k^{(r-1)}) - \Big\{ & A\big(U_i^{(r-1)}(\beta_{1k}) - U_k^{(r-1)}(\beta_{1i}) - (\beta_2\gamma_1)_{ik}\big) \\ & + B\big(U_i^{(r-1)}(\gamma_{1k}) - U_k^{(r-1)}(\beta_{1i}) + (\gamma_1\beta_1)_{ik} - (\gamma_2\gamma_1)_{ik}\big)\Big\}\frac{\delta f}{\delta A} \\ - \Big\{ & A\big(U_i^{(r-1)}(\beta_{2k}) - U_k^{(r-1)}(\beta_{2i}) - (\beta_2\gamma_2)_{ik} - (\beta_2\beta_1)_{ik}\big) \\ & + B\big(U_i^{(r-1)}(\gamma_{1k}) - U_k^{(r-1)}(\gamma_{1i}) - (\gamma_1\beta_2)_{ik}\big)\Big\}\frac{\delta f}{\delta B},\end{aligned}$$

oder nach (2) und (3)

$$\begin{aligned}(V_i V_k) = \Sigma c_{iks}\Big\{ & U_s^{(r-1)}(f) - (A\beta_{1s} + B\gamma_{1s})\frac{\delta f}{\delta A} \\ & - (A\beta_{2s} + B\gamma_{2s})\frac{\delta f}{\delta B}\Big\} = \Sigma c_{iks} V_s(f).\end{aligned}$$

Es liegt also ein vollständiges System von $2r+1$ unabhängigen Gleichungen vor mit 2 unabhängigen Lösungen

$$(9)\qquad \begin{aligned} f_1(x,y,z,\ldots z^{(r-1)},A,B) &= c_1,\\ f_2(x,y,z,\ldots z^{(r-1)},A,B) &= c_2. \end{aligned}$$

Hieraus können dann A und B bestimmt werden.

Ehe wir die Berechnung von C durchführen, die ja erst die Existenz der Invarianten in „Normalform" sicherstellt, wollen wir uns vorab überlegen, wie die Bestimmung von A und B sich gestaltet.

Da die Invariante stets mit einem konstanten Faktor multipliziert werden kann, liegt es nahe, anzusetzen

$$B = \lambda A$$

und zunächst λ zu bestimmen.

Dies gibt nach (4) und (5) die Forderungen:

$$U_i^{(r-1)}(A) + A\beta_{1i} + B\gamma_{1i} = 0,$$

$$AU_i^{(r-1)}(\lambda) + \lambda U_i^{(r-1)}(A) + A\beta_{2i} + B\gamma_{2i} = 0.$$

Man kann hieraus leicht B und A eliminieren, indem man die mit -1 multiplizierte erste Gleichung zur zweiten addiert und dann durch A dividiert. Dies führt auf

$$U_i^{(r-1)}(\lambda) + \beta_{2i} + \lambda(\gamma_{2i} - \beta_{1i}) - \lambda^2\gamma_{1i} = 0.$$

Dieses System ist einer einzigen totalen RICCATI'schen Gleichung aequivalent. Ist sie gelöst, dann bleibt zur Bestimmung von A

$$U_i^{(r-1)}(A) + A(\beta_{1i} + \lambda\gamma_{1i}) = 0,$$

woraus A durch Quadratur gefunden wird. —

Endlich ist noch C anzugeben. Die Gleichungen (6), in denen nunmehr A und B als bekannte Funktionen auftreten, können wieder homogenisiert werden, und geben

$$W_i(f) = U_i^{(r-1)}(f) - (A\beta_{3i} + B\gamma_{3i})\frac{\delta f}{\delta C} = 0.$$

Klammerbildung liefert

$$\begin{aligned}(W_iW_k) = (U_i^{(r-1)}U_k^{(r-1)}) - \Big\{&\beta_{3k}U_i^{(r-1)}(A) + \gamma_{3k}U_i^{(r-1)}(B)\\ &+ A\big(U_i^{(r-1)}(\beta_{3k}) - U_k^{(r-1)}(\beta_{3i})\big) - \beta_{3i}U_k^{(r-1)}(A) - \gamma_{3i}U^{(r-1)}(B)\\ &+ B\big(U_i^{(r-1)}(\gamma_{3k}) - U_k^{(r-1)}(\gamma_{3i})\big)\Big\}\end{aligned}$$

oder mit Rücksicht auf (2), (3), (4) und (5)

$$(W_iW_k) = \Sigma c_{iks}\Big(U_s^{(r-1)}(f) - (A\beta_{3s} + B\gamma_{3s})\frac{\delta f}{\delta C}\Big) = \Sigma c_{iks}W_s(f).$$

Es liegt also ein vollständiges System vor, und demnach ist C — naturgemäß bis auf eine additive Konstante — aus (6) durch Quadraturen bestimmt.

Also lautet das Ergebnis:

$(2r+1)$-gliedrige, in den Koordinaten des Elementes

$$e_{r-1}\left(x, y, z, y^{(1)} \ldots z^{(r-1)}\right)$$

transitive Gruppen von Punkttransformationen besitzen zwei Differentialinvarianten niedrigster Ordnung der Gestalt

$$J_r = y^{(1)} A + z^{(r)} B + C.$$

A und B werden durch eine totale Riccati'sche Differentialgleichung mit den unabhängigen Veränderlichen

$$x, y, z, y^{(1)}, \ldots z^{(r-1)}$$

bestimmt und eine Quadratur; sodann C ebenfalls durch Quadratur.

Zusatz: Das Verfahren trägt noch weiter. Der in dieser Nr. bewiesene Satz ist nur ein Sonderfall eines viel allgemeineren, der hier noch für den R_4 ausgesprochen werden mag:

Eine $(3r+1)$-gliedrige Gruppe von Punkttransformationen des R_4 (x, y, z, u) besitzt, wenn sie in den Koordinaten

$$x, y, z, u, y^{(1)}, z^{(1)}, u^{(1)} \ldots y^{(r-1)}, z^{(r-1)}, u^{(r-1)}$$

des Kurvenelementes $(r-1)$-ter Ordnung transitiv ist, drei Invarianten niedrigster Ordnung

$$J_r = y^{(r)} A + z^{(r)} B + u^{(r)} C + D,$$

wobei die A, B, C, D nur von den Koordinaten des e_{r-1} abhängen.

(Wie man die Integration der für diese vier Koeffizienten bestehenden Differentialgleichungen möglichst einfach leistet, bleibt noch zu überlegen.)

3. $(2r+2)$-gliedrige Gruppen $(r \geq 2)$.

Es scheint fast, als ob sich eine „Normalform" für die niedrigste Invariante

$$J_r = \left(x, y, z, y^{(1)}, z^{(1)}, \ldots y^{(r)}, z^{(r)}\right)$$

schwer festlegen läßt. Vorläufig mag daher die Angabe eines Teilergebnisses genügen.

Einige bekannte Gruppen, darunter auch die zehngliedrige des linearen Komplexes, lassen die Normalform

$$J_r = \left(y^{(r)}\right)^2 A_{11} + 2 y^{(r)} z^{(r)} A_{12} + \left(z^{(r)}\right)^2 A_{22}$$
$$+ 2 y^{(r)} A_{13} + 2 z^{(r)} A_{23} + A_{33}$$

zu. Geht man von der Annahme aus, daß bei der zu untersuchenden Gruppe diese Normalform zulässig ist, so findet man leicht für die drei ersten Koeffizienten aus

$$U_i^{(r-1)}(J_r)=0$$

durch Aufspaltung die Gleichungen

$$\begin{aligned}
&U_i^{(r-1)}(A_{11})+2A_{11}\beta_{1i}+2A_{12}\gamma_{1i}=0,\\
&U_i^{(r-1)}(A_{12})+A_{11}\beta_{2i}+A_{12}(\gamma_{2i}+\beta_{2i})+A_{22}\gamma_{1i}=0,\\
&U_i^{(r-1)}(A_{22})\qquad\quad +2A_{12}\,\beta_{2i}+2A_{22}\,\gamma_{2i}=0.
\end{aligned}$$

Die Zahl dieser Gleichungen beträgt

$$6r+6,$$

und sie sind homogen in

$$3\cdot(1+2r+1)=6r+6$$

Größen, den A_{11}, A_{12}, A_{22} und ihren Differentialquotienten. Solange die Bedingungen für das Verschwinden der Determinante nicht genauer festgestellt sind, kann man also nicht behaupten, daß sie formal verträglich sind.

Im übrigen können die Gleichungen auch hier wieder durch ein System

$$\begin{aligned}
V_i(f)\equiv U_i^{(r-1)}(f)&-2(A_{11}\beta_{1i}+A_{12}\gamma_{1i})\frac{\delta f}{\delta A_{11}}\\
&-(A_{11}\beta_{2i}+A_{12}(\gamma_{2i}+\beta_{1i})+A_{22}\gamma_{1i})\frac{\delta f}{\delta A_{12}}\\
&-2(A_{12}\beta_{2i}+A_{22}\gamma_{2i})\frac{\delta f}{\delta A_{22}}=0
\end{aligned}$$

ersetzt werden, bei dem sich leicht die Beziehnung

$$(V_i V_k)=\Sigma c_{iks}V_s(f)$$

nachweisen läßt. Indessen, wenn die Gleichungen linear unabhängig sind, so gibt es nur

$$3+2r+1-2r-2=2$$

unabhängige Lösungen

$$\begin{aligned}
&f_2(x,y,z,\cdots z^{(r-1)},A_{11},A_{12},A_{22})=c_1\\
&f_1(x,y,z,\cdots z^{(r-1)},A_{11},A_{12},A_{22})=c_2,
\end{aligned}$$

aus denen sich A_{11}, A_{12}, A_{22} nicht bestimmen lassen. —

Nehmen wir jetzt einmal an, die Bestimmung der A_{11}, A_{12}, A_{22} sei möglich, so würde sie nur Quadraturen erfordern, ebenso die daran zu schließende der A_{13}, A_{23}, A_{33} aus den leicht aufzustellenden Bedingungen

$$U_i^{(r-1)}(A_{13})+A_{11}\beta_{3i}+A_{12}\gamma_{3i}+A_{13}\beta_{1i}+A_{23}\gamma_{1i}=0,$$

$$U_i^{(r-1)}(A_{23}) + A_{12}\beta_{3i} + A_{22}\gamma_{3i} + A_{13}\beta_{2i} + A_{23}\gamma_{2i} = 0,$$
$$U_i^{(r-1)}(A_{33}) \qquad\qquad + 2A_{13}\beta_{3i} + 2A_{23}\gamma_{3i} = 0,$$

wenn diese Gleichungen verträglich sind.

Die 2 mal $(2r+2)$ Gleichungen der ersten und zweiten Zeile sind verträglich und bestimmen A_{13} und A_{23} durch Quadraturen, sobald die A_{11}, A_{12}, A_{22} bekannt sind, A_{33} wird dann durch eine letzte Quadratur gefunden.

Selbstverständlich kann die Verträglichkeit durch Elimination und Differentiation festgestellt werden, aber die Entscheidung würde doch unbequeme Rechnungen erfordern.

Als nichttriviales Beispiel soll hier nochmals die zehngliedrige Gruppe des linearen Komplexes namhaft gemacht werden, deren niedrigste Differentialinvariante J_4 tatsächlich vom zweiten Grad in $y^{(4)}$ und $z^{(4)}$ ist und bei deren Bestimmung man wieder (vgl. § 1, 4) ein gemischtes Verfahren bevorzugen wird.

Man erkennt, daß hier noch viel zu tun ist, wobei zugleich einleuchtet, wie die ureigenen Gedankengänge von Sophus Lie so durchgebildet werden können, daß sie den neuen Aufbau tragen helfen, dessen Entwurf und weitgehende Ausführung wir Herrn G. Kowalewski verdanken.

Nachträgliche Bemerkungen.

1. Zu Seite 6, Zeile 5 u. 6 von oben und Seite 10, Zeile 7 bis 6 von unten.

An beiden Stellen ist ein für jeden Kenner der Lieschen Theorie sofort zu verbesserndes Versehn untergelaufen, auf das mich Herr G. Kowalewski gütigst aufmerksam gemacht hat. Es handelt sich selbstverständlich nicht um Funktionaldeterminanten, sondern um Grenzwerte von Funktionaldeterminanten.

Auf Seite 6 z. B. ist gemeint

$$\varDelta = \lim_{t_1 = t_2 = \ldots t_r = 0} \left\{ \frac{\delta(\bar{x}, \bar{y}, \bar{y}^{(1)} \ldots \bar{y}^{(r-2)})}{\delta(t_1, t_2, \ldots t_r)} \right\},$$

wobei unter

$$\begin{aligned}
\bar{x} &= x + t_1 \xi_1 + \cdot \qquad && + t_r \xi_r + \cdot\cdot, \\
\bar{y} &= y + t_1 \eta_1 + \cdot && + t_r \eta_r + \cdot\cdot, \\
\bar{y}^{(1)} &= y^{(1)} + t_1 \eta_1^{(1)} + \cdot && + t_r \eta_r^{(1)} + \cdot\cdot, \\
\bar{y}^{(r-2)} &= y^{(r-2)} + t_1 \eta_1^{(r-2)} \cdot\cdot && + t_r \eta_r^{(r-2)} + \cdot\cdot,
\end{aligned}$$

die Reihenentwickelungen für die endlichen Transformationen der Gruppe zu verstehen sind. Also ist zu schreiben:

„die LIEsche Determinante

$$\Delta = \begin{vmatrix} \xi_1 \, \eta_1 \, \eta_1^{(1)} \cdot\cdot & \eta_1^{(r-2)} \\ \cdot \; \cdot \; \cdot \; \cdot \; \cdot & \cdot \; \cdot \; \cdot \\ \xi_r \, \eta_r \, \eta_r^{(1)} \cdot\cdot & \eta_r^{(r-2)} \end{vmatrix}\text{“},$$

was auch aus dem ganzen, trotz des Versehns sofort erkenntlichen Zusammenhang hervorgeht. Ebenso ist auf Seite 10 zu schreiben:

„die LIEsche Determinante erster Art

$$\Delta(e_{r-1}) = \begin{vmatrix} \xi_1 \, \eta_1 \, \zeta_1 \, \eta_1^{(1)} \, \zeta_1^{(1)} \cdot\cdot & \eta_1^{(r-1)} \, \zeta_1^{(r-1)} \\ \cdot \; \cdot \; \cdot \; \cdot \; \cdot \; \cdot \; \cdot & \cdot \; \cdot \; \cdot \; \cdot \\ \xi_{2r+1} \; \cdot \; \cdot \; \cdot \; \cdot \; \cdot & \zeta_{2r+1}^{(r-1)} \end{vmatrix}\text{“}.$$

2. Zu Seite 10, Zeile 4 bis 1 von unten. Meine Untersuchung hat enge Berührung mit den mir jetzt in Korrekturbogen zugänglich gewordenen beiden Arbeiten von Herrn G. KOWALEWSKI:

Über LIEsche Determinanten bei räumlichen Transformationsgruppen,

Über die PFAFFschen Grundinvarianten räumlicher Transformationsgruppen,

die der sächsischen Akademie am 12. Januar 1925 vorgelegt sind und in den Berichten der Math. Phys. Klasse, Band LXXVII erscheinen.

Die am Ende der ersten Bemerkung erklärte Determinante $\Delta(e_{r-1})$ tritt in der ersten Arbeit von Herrn KOWALEWSKI als „LIEsche Determinante erster Art“ auf.

Heidelberg, 16. März 1925.

Heinrich Liebmann.

FSC
www.fsc.org
MIX
Papier | Fördert gute Waldnutzung
FSC® C083411

Zeitfracht Medien GmbH
Ferdinand-Jühlke-Straße 7
99095 Erfurt, Deutschland
produktsicherheit@kolibri360.de